Pocket Therapy for Stress:
Quick Mind-Body Skills to Find Peace

应对压力

［美］克莱尔·迈克尔斯·惠勒　著
（Claire Michaels Wheeler）
张昕　译

中国科学技术出版社
·北　京·

POCKET THERAPY FOR STRESS: QUICK MIND-BODY SKILLS TO FIND PEACE By CLAIRE MICHAELS WHEELER MD PHD
Copyright © 2020 by Claire Michaels Wheeler, New Harbinger Publications, Inc. 5674 Shattuck Avenue, Oakland, CA 94609, www.newharbinger.com
This edition arranged with NEW HARBINGER PUBLICATIONS through BIG APPLE AGENCY, LABUAN, MALAYSIA.
Simplified Chinese edition copyright:
2021 China Science and Technology Press Co., Ltd.
All rights reserved.
北京市版权局著作权合同登记 图字：01-2021-6125。

图书在版编目（CIP）数据

应对压力 /（美）克莱尔·迈克尔斯·惠勒著；张昕译 . —北京：中国科学技术出版社，2021.12
书名原文：Pocket Therapy for Stress: Quick Mind-Body Skills to Find Peace
ISBN 978-7-5046-9093-7

Ⅰ.①应… Ⅱ.①克…②张… Ⅲ.①压抑（心理学）-通俗读物 Ⅳ.① B842.6-49

中国版本图书馆 CIP 数据核字（2021）第 219310 号

策划编辑	杜凡如　赵　嵘	责任编辑	陈　洁
封面设计	马筱琨	版式设计	锋尚设计
责任校对	张晓莉	责任印制	李晓霖

出　　版	中国科学技术出版社
发　　行	中国科学技术出版社有限公司发行部
地　　址	北京市海淀区中关村南大街 16 号
邮　　编	100081
发行电话	010-62173865
传　　真	010-62173081
网　　址	http://www.cspbooks.com.cn

开　　本	787mm×1092mm　1/32
字　　数	57 千字
印　　张	4.5
版　　次	2021 年 12 月第 1 版
印　　次	2021 年 12 月第 1 次印刷
印　　刷	北京盛通印刷股份有限公司
书　　号	ISBN 978-7-5046-9093-7 / B·73
定　　价	59.00 元

（凡购买本社图书，如有缺页、倒页、脱页者，本社发行部负责调换）

目录

引言/1

第1章	了解自己的压力源/15
第2章	灵活地运用应对策略/25
第3章	善用你的优势/43
第4章	融入心流/55
第5章	以食代药/71
第6章	坚持规律运动/85
第7章	积极表达/93
第8章	联结他人/111
第9章	坚持身心训练/121
第10章	自我超越/129

压力管理笔记/135

引言

压力夺走了我们很多东西。它就像夜晚的小偷（如字面所言，它偷走了我们能够睡个好觉的能力），蹑手蹑脚地向我们走来。直到出现高血压、慢性腰背疼痛或其他症状，我们才意识到压力其实是一个问题。

如果你已经在与疾病做斗争，缓解压力会极大地缓解你的病症；如果你此刻安好，采取一些措施来调控压力的强度则有助于你保持身心健康。

压力管理给健康带来的好处是毋庸置疑的。此外它还有另一个好处，那便是清除身心中不必要的压力和紧张感。这能够为创造力和心智的成长提供空间，让你自由地开展有价值的行动，建立更快乐的人际关系，并真正欣赏你身体的力量和活力。

应对压力

本书提供了十种简单且有效的方法,能够帮你显著减少压力对生活的负面影响。一些方法会带来立竿见影的效果,比如缓解肌肉紧张,使思维更清晰,提升睡眠质量。也有一些方法会带来潜移默化的效果,就像暂存在银行里的财富:通过日积月累的细微改变帮助你过上更长寿、快乐、充实的生活,比如改善你的人际关系和饮食习惯。

本书通过各种练习、问卷和提示帮助你发现:

· 使你紧张的是什么?
· 如何有效应对压力源?
· 怎样才能高效化解压力?

此外,每一章末尾的"深度思考"部分将带你深入了解本章主题。请你一定要找一本空白的笔记本(抑或使用手机的备忘录软件)作为本书的配套工具。你可以在笔记本中记录自己的见解,并写下自己新学到的减压技巧。

引言

什么是压力？

压力是一个过程，是你与你所处的环境之间的交互作用。大多数研究人员和临床医生将压力定义为"当生活中的挑战超过你自认的应对能力时，所产生的内在体验"。让我们仔细看看这个定义。首先，在你身上出现的情况是一个集生理、情绪、心理和社会现象于一体的综合体。换句话说，压力是一种整体反应。你的每个部分——身体、心智、精神和人际关系——都受到日常生活挑战的影响。好消息是，每个部分也都可以作为应对这些挑战的资源。

其次，压力的大小是由你认为自己能够应对的程度决定的。幸运的是，任何人都可以提高应对压力的技能。妥善应对是缓解压力的解药，而更好地去应对压力的关键在于觉察。换句话说，你身上所发生的一切，都由你自己来解释。在人类正常生活的范围内，压力并不

应对压力

是那些恰巧发生在你身上的事,而是你对于发生在自己身上的事的看法和感受。这意味着你能够控制生活中出现的压力。但应该如何控制压力呢?

- 你可以改变自己对周遭发生之事的想法。
- 你可以改变自己对周遭发生之事的反应。
- 你可以控制那些即便在安全舒适的情境下也不断冒出来困扰你的恐惧、担忧和焦虑的想法。
- 你可以选择远离那些给你带来压力的情境。
- 你可以选择做一些能够给你带来平静的事。

在本书中,我们将探索缓解压力问题简单可行的方法,基于你现有的力量,帮助你改变想法,获取你内在的力量和活力,学习新的技能,以及与你周围的世界建立新的、健康的连接。

引言

急性压力与慢性压力

一般而言，压力分为两种：急性压力与慢性压力。急性（暂时性）压力有其功用，而慢性（长期性）压力不仅无所助益，事实上还会带来伤害。

急性应激反应——对刺激事件的即时、自动化反应——是一种人类与其他所有哺乳动物共有的反应。它是一种生存机制，会导致身体的每个系统几乎瞬间发生深层的变化。这种应激反应传递的信号是：危险！快跑！

当你察觉到威胁后，你的大脑立即开始发送神经信号并释放激素，使你从放松状态迅速切换到戒备状态。你的心率和血压会升高，血液会被分流，流入皮肤和消化器官的血液会减少，流入大脑和身体大肌肉群的血液会增多。这些本能反应既能帮助你快速想到获得安全的办法，也使你的腿有足够的力量冲到安全区域。

应对压力

理想情况下，一旦威胁结束，身体所有的系统都会恢复正常，此时你应该能放松下来。这是我们身体与生俱来的自动化运作模式。不过，我们与生俱来的聪明的大脑和无穷的想象力也会让我们遇到麻烦。如果我们继续思考过往的威胁，想象着所有可能发生的可怕事情：我们的朋友会怎么想、我将付出多少代价……如此反复不止，威胁就会一直存在。若我们困在这种受威胁的想法中，就会产生慢性应激反应，长期处于慢性压力下。

对抗慢性压力要立足当下。对一些人来说，持续接受治疗能有效缓解压力。而对大众来说，当下最好的开始，是学习一些简单、有效的方法来应对压力。

为何要控制压力？

当你被逼得太紧时——无论是被自己还是被自己生活的世界所迫，那种糟糕的感觉不言自明。你很清楚每天都有压力是很不舒服的，然而压力不仅会给我们带来

引言

情绪上的不适感,还会给我们的健康带来危害。越来越多的证据表明,慢性压力与各种健康问题密切相关。上呼吸道感染、冠状动脉疾病、自身免疫性疾病、伤口愈合不良、抑郁,以及许多未提及的问题都会因慢性压力而加重。

当威胁来临时,你的身体会发生各种变化:心率、血压和肌肉的紧张度会上升,同时消化功能暂时被抑制。随着时间的推移,身体的这种状态会对相关器官造成过度耗损。心脏不得不更努力工作以维持心率,并将血压推高。肌肉则因长期紧张而产生疲劳、酸痛甚至抽筋等问题——腰背疼痛就是身体受到慢性压力侵害的一个标志。同时,如果消化系统频繁被压力侵害,食物就无法被有效地消化和吸收,那么我们的身体将缺失茁壮成长所需的营养。

压力导致健康受损的另一种方式就是通过干扰睡眠来影响身体的自我修复。睡眠对于身心健康至关重要。在

应对压力

睡觉的时候,你的体内所有细胞得以休息、恢复,并修补一天中因压力和挑战所造成的伤害。如果你有睡眠问题,压力很可能就是罪魁祸首。学习与练习压力管理技术可以提高你的睡眠质量,本书接下来将教你一些技巧。

心身一体化

对于那些与压力相关、令我们寝食难安的慢性压力相关疾病,心身医学(Mind-Body Medicine,MBM)为我们提供了具有创造性且效果显著的调控方法。它是生物医学、健康心理学、公共卫生、护理和心理治疗等领域的融合。这种融合有一个前提,即我们的心智、身体、精神是同一个系统的不同组成部分。这三者并不是孤立运作的,影响心智的压力源也会影响身体和精神,同样,做一些有助于疗愈精神的事情也会疗愈你的身心。

本书提供的许多心身医学技术,旨在改变焦虑的思维模式及情绪状态来获得平静。这种简单的转变会使你

引言

的身体发生很大的变化：心率减慢、呼吸加深、肌肉放松、进入消化器官的血流量增加等，让身体从持续的压力状态中恢复正常。经过长期练习后，假以时日你会发现，从过度运转状态切换到正常运作状态变得越来越容易。你的思绪会变得更清晰，身体感觉更好，生活似乎也更容易掌控。

在开始对本书进行探索之前，你需要通过下面的练习来明确你当前的处境和你想要实现的目标。

准备好改变了吗？

准备：你需要一个笔记本，三张白纸，一些不同颜色的铅笔、蜡笔或马克笔。

当你准备好后，请找到一个方便绘画的舒适的

应对压力

地方。接下来你将创作三幅图画。请在我的引导下，让意象在你的内心自然呈现，然后将它们画出来。不要停下来思考你在画什么，只是让笔在纸上随心移动，让心之所想自然呈现。你要相信自己！

图画1：闭上眼睛，寻找你身体中有紧张感的肌肉。花些时间想象那股紧张感正在悄然融化，想象这份释放正让你的身体变得柔软。当你感觉到这种转变后，停驻下来并问问自己：此刻我感觉如何？让所有意象在心中自然流淌，不要执着于任何一个想法。

现在，选择一个能够吸引你的意象，把它画出来。你只需要创作一个反映"此刻我感觉如何"的图画即可。这是一个快速、直观的练习，持续一两分钟即可，无需太久。

引言

图画2：重复上文中你所做的平静内心和聚焦注意力的步骤。这一次，问问自己："是什么困扰着我？"同样地，你需要花一两分钟来创作一幅对应这个问题的图画。

图画3：重复平静内心和聚焦注意力的步骤。这一次，问问自己："此刻什么使我快乐？"花一两分钟来创作一幅对应这个问题的图画。

现在，回顾你的第一幅画，并在你的笔记本上写下以下问题的答案：

1. 这幅图画的整体色调是什么？当你看到它时，脑海中呈现了怎样的词语？

2. 图画最突出的特点是什么？是否有什么物品、人、色彩或形状吸引你的目光？请写下它们是什么。

应对压力

3. 现在看看这幅图画更细微的地方有没有一些潦草的或不确定的元素。这对你意味着什么？请写下来。

接下来，请你按照同样的方式，依次对另外两幅图画进行回顾。

现在，把这三幅画作为一个整体来看，并思考以下问题：它们有共同之处吗？你是否用了相似的色彩？哪幅画具有更多的能量？它们看起来是如何结合在一起的？请写下来。

现在，在你的笔记本新的一页上分出三栏。

请你在第一栏写上"我：现在"作为标题，然后看着你画的第一幅画，列出5~10个形容词或短语来描述你目前的状况。

请你在第二栏写上"压力源"作为标题，然后

引言

用第二幅画和刚刚对其回顾后得到的答案作为指引，列出你当前面对的压力源。在此栏中列出的一些压力源可能是显而易见的，但也可能会有一些你未曾考虑过的压力源出现。

请你在第三栏写上"资源"作为标题，然后看看你的第三幅画和对其所做的分析，再用一个简单的清单，列出你生活中的美好事物。

花点时间回想一下这个练习，将所有呈现在你脑海中的东西记录到笔记本中。

鉴于你的生活在不断地发生变化，建议每隔几个月就做一次这个练习，之后每年至少做一两次。你给予自己的善意的关注和爱越多，就越能用心地享受生活。

现在让我们开始吧！

第1章
了解自己的压力源

应对压力

有一个好消息：了解压力或许就能减弱压力给你的生活带来的影响。许多参加压力管理课程的学员，即便尚未学习任何新的技术或策略，仅仅在参加第一次理论课程过后，其压力就能有所缓解。因此，即使你只读这一章，也会从中受益。但我还是希望你能够坚持学习本书全部的十项技能，以便最有效地管理你的压力。

若要梳理自己当前面临的压力，对生活中的重大事件进行盘点是一个很好的开始。请看表1-1，标记出哪些事件在过去一段时间发生在你身上（若该事件发生，请在表1-1中对应时间框内标记"√"）。

表 1-1　重大事件盘点表

类别	重大事件	发生时间	
		一年内	一个月内
人际关系	配偶或其他重要的人死亡		
	配偶或其他重要的人遭遇重伤或罹患疾病		

第1章
了解自己的压力源

续表

类别	重大事件	发生时间	
		一年内	一个月内
人际关系	你的孩子遭遇重伤或罹患疾病		
	离婚/分居或与其他重要的人分离		
	重要家庭成员过世		
	与伴侣或其他重要的人同居		
	结婚		
	怀孕		
	孩子出生(或领养了孩子)		
	孩子离开家		
	其他		
工作/财务状况	失业		
	退休		
	工作调动、转岗		
	开始新的工作		
	入学		
	毕业		
	工作中出现重大冲突		

应对压力

续表

类别	重大事件	发生时间	
		一年内	一个月内
工作／财务状况	错失晋升机会		
	财务危机		
	收获意外之财		
	其他		
健康	新近诊断出疾病		
	重伤		
	手术		
	产生新的身体疼痛		
	其他		
其他	搬家		
	开始重要的假期		
	购买大件商品		
	节食		
	新的锻炼计划		
	其他		

第1章
了解自己的压力源

现在数一数你在过去一年及近一个月里遇到的挑战。对照表1-1中的项目来确定你的压力源及其总数对减轻压力是很有帮助的。你会发现，或许你的生活在工作和财务方面一直很稳定，但在人际关系或其他方面却暗潮汹涌。然而，即便你正在动荡中苦苦挣扎，若能意识到其中还有稳定的一面，也会倍感欣慰。一般来说，压力源越多，你就越有可能以不健康的、非建设性的方式去应对它——至少从长远来看是这样的。

以上练习可以使你对曾经遭遇的生活压力事件的数量有所了解，但这也只是帮助你对过往的经历进行片面的解读而非真实的还原。这种方法最大的局限在于压力是主观的。对于表1-1中的任一事件，不同的人从中感受到的是完全不同的意义和影响。

所以，现在让我们转换视角来看看你刚才得到的结果。请你从表1-1中选择出对自己的生活影响最大的事件，花点时间回想一下这个事件，问问自己以下问题，

应对压力

并将答案写在笔记本上。

问题1：在这件事发生之前，我的健康状况如何？

问题2：在这件事发生之前，我的整体情绪和心态是怎样的？

问题3：在这件事发生之后2~4周内，我有没有遇到感冒或其他健康问题？

问题4：在这件事发生之后2~4周内，我有没有遇到新的身体疼痛问题？

问题5：在这件事处理期间以及结束之后，我的睡眠习惯是否发生了改变？

问题6：当这件事发生的时候，有没有一个人能让我获得情感上的支持？

问题7：在此情况下，我对酒精、香烟、药物、电视或电脑的依赖增加了吗？

第1章
了解自己的压力源

> 问题8：在这件事发生后，我花了多长时间才开始感到恢复如常？
>
> 问题9：我能从这次经历中找到什么积极的东西吗？我从中学到了什么对未来有帮助的东西吗？

现在，让我们思考一下你的答案对你个人意味着什么。

问题1、2： 通过思考这两个问题，你可以对自己的整体情况有准确的判断。

问题3、4： 对于这两个问题，你的答案是"有"吗？如果答案是肯定的话，你的生活压力与免疫力之间可能存在着密切的关联。你的身心可能长期承受着大量压力，这使你的健康特别容易受到压力的影响。本书中的身心管理技巧可以帮助你更好地控制对压力事件的反应，并提升你的复原力。

应对压力

问题5： 对于这个问题，如果你的答案是肯定的，或许你会出现失眠（入睡困难、易惊醒）等症状。这几乎是所有人面对急性压力和重大挑战时的普遍反应。压力往往会引发焦虑，同时焦虑也会导致压力进一步加大。

有时与压力相关的失眠更多是由身体上的不安和兴奋，而不是不间断的思考导致的。在倍感压力的时候，你的交感神经系统比平常更加活跃。此时你的血管里日夜流淌着更多的肾上腺素，从而影响你的睡眠。

有一些行之有效的方法能够处理以上问题，其中最好的方法是进行身体锻炼。你将在本书第6章学习如何将运动融入你的日常生活。

问题6： 对于这个问题，如果你的答案是否定的，或许你需要考虑开发一个社会支持系统。这听起来似乎令人生畏，但无须担心，你要做的就是评估一下自己目前生活中的人际关系，想想如何使自己得到更多支持。

无论是对便利店收银员还是你的配偶，当你能够以

第1章
了解自己的压力源
———

更多的耐心和人性关怀与他们产生联结时，不仅能保护你免受压力的摧残，还能使他们更加快乐。人际关系可能会以不同方式给你的生活带来压力，但通常都包括难以设定良好的界限、不会对他人的要求说"不"和不懂得如何提出自己的需求（而非满腹牢骚）。牢固、健康的人际关系能够提高你的复原力。在本书第8章你将学习改善人际关系的策略。

问题7： 对许多人来说，适量饮酒或摄入高热量食物是在生活中寻求愉悦感的常用方式。在经受压力时，人们往往倾向于更多地使用这些方式，以寻求一种能够暂时远离当下挑战的快感。此外，你可能会使用一些其他物质或药物来缓解压力。例如，当你睡眠不足时，你会在白天通过咖啡因来保持清醒和维持工作效率；当你入睡困难时，你会服用安眠药物。在本书中你将学到更健康的应对策略，第5章提供了通过更健康的饮食方式来减轻压力的技巧。

应对压力

问题8、9： 这两个问题涉及你的复原力。你需要多长时间才能从压力事件中恢复过来？在你经历了一个事件后，你能否感觉到：即便它不是你想要的，即便你不愿意再次经历它，你仍然能够从中得到一些积极的东西？当你深陷危机时，找到或创造某种积极的东西会帮助你渡过难关。本书第10章讨论了你可以从精神修习中获得的力量，而第3章与第4章提供了一些能够从你擅长或喜欢做的事情中获得力量的策略。

深度思考

拿出你的笔记本，回顾一下在压力的挑战与应对方面你学到了什么。在这一章中你获得了哪些关于压力的见解？想一想它对你的健康、情绪、睡眠、社会支持、物质或药物使用以及个人复原力的影响。

第 2 章

灵活地运用应对策略

应对压力

应对与压力是相辅相成的。应对是指那些你为了缓解压力引发的不安感受而做的事情。许多我们认为是坏习惯的事情,实际上是错误的应对策略,将会带来更多的问题以及更大的压力。这些无益的应对策略包括沉迷于电视、酗酒、拖延以及吃安慰性食物(安慰性食物是指能够给人带来愉悦感并使人放松的食物,如甜点、巧克力等——译者注)。

请根据下方应对量表,评估自己应对压力的策略(见表2-1)。

表 2-1　压力应对量表

应对策略	频率			
	从来没有	有时这样	经常这样	总是这样
1. 通过工作、学习或一些其他活动获得解脱				
2. 与人交谈,倾诉内心烦恼				
3. 尽量看到事物好的一面				

第2章
灵活地运用应对策略

续表

应对策略	频率			
	从来没有	有时这样	经常这样	总是这样
4. 改变自己的想法,重新发现生活中什么是重要的				
5. 不把问题看得太严重				
6. 坚持自己的立场,争取自己想要得到的东西				
7. 找出几种不同的解决问题的方法				
8. 向亲戚朋友或同学寻求建议				
9. 改变自己原来的一些做法或一些问题				
10. 借鉴他人处理类似困难情景的办法				
11. 寻求业余爱好,积极参加文体活动				
12. 尽量克制自己的失望、悔恨、悲伤和愤怒等负面感情				
13. 试图休息或休假,暂时把问题(烦恼)抛开				
14. 通过吸烟、喝酒、服药和吃东西来解除烦恼				
15. 认为时间会改变现状,唯一要做的便是等待				

应对压力

续表

应对策略	频率			
	从来没有	有时这样	经常这样	总是这样
16. 试图忘记整个事情				
17. 依靠别人解决问题				
18. 接受现实，因为没有其他办法				
19. 幻想发生某种能够改变现状的奇迹				
20. 自己安慰自己				

注：压力应对量表由积极应对策略和消极应对策略两个部分组成，总共20个条目，条目1~12是积极应对策略，条目13~20是消极应对策略。

在你阅读本章其余部分时，请思考一下，你希望哪些自己常用的应对策略可以被更健康的方式替代。

压力应对是一个评估过程，即对正在发生的事情和你将要做的事情做出判断。第一步是初级评估，在此过程中，你要判断某件事会对你构成威胁还是为你带来利益。第二步是次级评估，关注的是你能否做些什么来改

第2章
灵活地运用应对策略

变这种状况,从而最大限度地减少不良后果,并提高产生积极结果的可能性。

在初级评估中,你要明确在这种情况下你面对着怎样的风险。例如在堵车时,你面临的风险可能是上班迟到。当压力源变得愈发严重时,它产生的后果就愈发糟糕。初级评估十分重要,它能帮你确定事件的性质,为你应对事件奠定基础。

探寻你的初级评估

对于这个练习,你需要一整天都随身携带你的笔记本。理想情况下,请选择自己处理日常事务的典型的一天。在这一天开始的时候,你要设定一个目标:找出一天中困扰自己的所有事情,并把它们

应对压力

记录在笔记本上。

接下来列出一天中出现的压力源。记住,这些可以是实际发生的事情,也可以只是令你感到不舒服、担忧或焦虑的想法。

现在,在你的观察日结束之后,请尽快找个时间坐下来看看你列出的清单。对于清单中的每一项,在笔记本中回答两个问题:

1. 此处有什么风险?我会失去什么?这将如何伤害到我?

2. 这个事件导致不好的事情发生的可能性有多大?

就你每天遇到的许多潜在压力源而言,它们对你的幸福产生的实际威胁有可能并不像当时感觉到的那么严重。通过练习,你就能够学会在压力发生

第2章
灵活地运用应对策略

> 的那一刻问自己这两个问题。这样一来,你就可以在压力到来时,超越本能反应,理性地面对它。

进行初级评估时,你需要用一个更宏观的视角看待日常生活中的事件,这能帮助你探索自己对生活中的事件产生负面评价的根源。有时即便是一些相对较小的、无害的事件也能触发一种危机感,以下是一些可能的原因:

- 一些小事件可能会使你回想起过往较为严重的压力和创伤。
- 日常压力源会触发童年时期的痛苦回忆。
- 日常的挑战可以激起与过往脆弱性相关的错误信念。
- 有时压力事件会被看作一幅汇集了失败、无助及受到迫害的图景的一部分,而这图景并非真实。

应对压力

再一次回顾你的应对量表,问问自己,是否有以上或其他任何无益的小事影响了你看待事物的方式。对于生活中的小事,如果你发现自己总是高估其可能引发的负面影响,那么当这些事情发生时,可以用一些暗示性语句降低它们的影响。例如:

"真有趣!"

"至少它不是 _____,它还在我的掌控之中。"

"没什么大不了的。"

幽默在此时会很有帮助。这并不是说你要极度轻视生活中压力源的重要性,以至于不能照顾好自己,或者无法在问题出现时及时处理。关键是要认识到,这些事件中的大多数,即便反复发生,终是会过去的。从更大的格局来看,这些事情真的没那么重要。

在进行初级评估时,那些在生活中支持着你的人也会很有帮助。无论是好是坏,与别人聊聊困扰自己的问题,可以帮助你重新评估当前形势对你威胁的程度。你

第2章
灵活地运用应对策略

信任之人的观点,能够帮助你判断你对威胁的感知是否符合实际情况。

探寻你的次级评估

在你的初级评估中,某个事件会被你判定为一个威胁。在次级评估中,你要回答关于此事件的两个问题。请选择一个或几个事件,然后写下你对于以下问题的答案。

1. 我能控制这种情况吗?我能改变它以减少威胁吗?

2. 我能处理这个事件及其后果引发的情绪反应吗?

次级评估可以是发生在你意识层面中的事情,

应对压力

> 也可以是你对初级评估的自动化反应。如果你能够控制次级评估的过程,那么你就可以掌控自己的应对策略。

对能够掌控和无法控制的情况加以区分是很重要的,因为无法掌控的情况会给你带来巨大的情绪困扰并影响你的接纳能力,而这种接纳有助于你从压力中恢复过来。朋友和家人能够帮你弄清楚此情况是否在自己的掌控之中,以及你有哪些资源可以加以利用。这是社会支持带来助益的另一种方式。

大多数人都有一套使用多年的应对策略,他们倾向于通过这些策略来应对自己所面临的一切压力。例如,有些人在感到焦虑、害怕、愤怒时往往变得具有对抗性。这种方式在某些情况下可能会有所帮助,比如与鬼

第2章
灵活地运用应对策略

———

鬼祟祟的推销员打交道，采用对抗的策略会得到较好的效果，但当你由于超速被交警拦下开罚单时，该策略的效果则适得其反。

也有人会采取比较消极的应对方式。他们似乎很少生气，并且倾向于忽略问题，希望问题自己消失。这对那些暂时的和轻微的压力源是有缓解作用的，比如旅程延误，但是如果压力很严重并且需要立即采取行动，比如报税，拖延和忽略就会造成真正的问题。

最有益的方式是尽可能灵活且适时地运用你的应对策略。

次级评估决定了对于某种情况你是否可以通过控制进行改善，并评估你能否应付它——包括认知部分和情感部分。应对策略亦是如此，对于压力事件的反应，一些是认知性的，另一些则是情绪性的。在一天中，你会反复使用一些认知策略与情感策略的组合，通常你甚至都不知道自己在这样做。可以想象，如果你学会了多种

应对压力

应对技能，并学会了何时、何地以及如何使用它们，那么面对压力事件时你的策略会比之前更为有效。

解决问题

解决问题应对技巧最适用的是面对压力事件时你能够加以控制的那些情景。当你的次级评估告诉你："是的，对于正在发生的事情你能够做些什么来减少威胁。"你会发现解决问题的过程其实是一种有逻辑的应对过程。以下是一些解决问题的例子：

有计划地解决问题。制订一个正视问题的计划能够帮助你以具体的方式来定义当前的问题，并将可能产生的负面结果显现出来。请尝试写下一系列你能够采取的解决问题的步骤。在写下这些可行的方式时，尽可能让自己充满天马行空的想象力。

勇敢面对。你可以把这当作"为自己而战斗"。然而在极端情况下，这种应对方式会疏远他人，给你的社

第2章
灵活地运用应对策略

会支持网络带来风险。其关键在于把你"战斗"的能量引导至最有帮助的地方。例如,如果你对老板心存不满,可以试着直接向他表达你的顾虑,而不是把自己的沮丧发泄到同事身上。

搜寻信息。这是一种积极的应对技术,可以通过减少不确定性来缓解压力。尤其当压力源是与健康相关的问题时,这种方法会更为有效。但也有一些需要注意的事项,例如,搜寻信息可能最适用于短期的、信息容易获取的挑战。而对于长期压力源来说,强调搜寻信息可能会导致过度警惕,这种警惕本身就可能转变成压力。

心理模拟。心理模拟是去感受并想象自己正在成功地处理一个事件。你可以在一种放松的状态下,在心里经历一遍这个事件(例如,一次重大考试或与某人发生可怕的冲突),看看自己如何能够冷静地做出最好的选择,避免受到伤害。

应对压力

功能性社会支持。功能性社会支持是一种在你有需求时获得的实际帮助。你可能会遇到需要搭车去医院或者急需用钱的情况,若此时在你生活中有一个或多个能够施以援手的人,你会得到切实的帮助。

调节情绪

当具有威胁性的情况发生时,如果它很大程度上(而不是完全)超出你的控制,有时你能依赖的唯一方法就是管理自己的情绪以渡过难关。面对压力时,在不压抑或否认自己的想法和感受的基础上,试着减少自己的情绪困扰十分重要。

情感支持。情感支持来自那些你在生活中信任的、可以倾诉自己困扰的人。这种支持会带给你一种联结感,帮助你消除孤独。此外,情感支持可以帮助你有逻辑地梳理当前的困境,并且评估你在现实中能够加以利用的资源。

第2章
灵活地运用应对策略

释放情绪。情绪可以在你的生活中占有一席之地。释放情绪的关键是允许你的感受自由流动，但要避免过于专注在问题导致的情绪后果上，这反而不利于问题的解决。体育锻炼是一种非常好的释放情绪能量的方法。

构建意义

基于意义的应对策略，是近年来被公认有效的一套应对技术。这是一种在生活困境中寻求个人成长和提升智慧的方式。

重新诠释与成长。在乌云中找到一线光明是一件幸事。即便在承受了巨大损失的情况下，你也可以把压力和问题看作一个学习的过程。当你对于无法掌控的事物培育出一种接纳的态度时，积极构建意义会变得更容易。

信仰或精神力量。最近的许多医学文献都表明信仰

应对压力

和精神力量对人的身心健康有益处。其中部分益处似乎是通过一种超然的人生观帮助人们应对问题——把日常问题置于一个更宽广的视角下,问题会看起来更小、更可控。

进行比较。 可以这样想,不管事情变得多么糟糕,总是有人比你更糟糕,或者事情本可能变得更糟:如果你的房子被烧毁了,至少没人受伤;如果你因乳腺癌失去了乳房,至少你还活着;如果你失业了,至少你还有健康。像这样的想法可以帮助你在面对困境时保持积极的状态,因为你还在思考问题而没有被它打败。

发现潜在价值。 压力能给你带来潜在价值,你可以从发生在自己身上的不幸中吸取教训,可以变得更加珍惜生活中的美好事物,学着拥抱自己拥有的每一天。所有这些潜在价值更像隐藏在压力及创伤背后的礼物,能否找到并欣赏它们取决于你自己。

第2章
灵活地运用应对策略

深度思考

通过本章的内容,你对于自己的压力应对方式及策略获得了哪些感悟?拿出你的笔记本,根据以下提示记录你的收获。

① 我主要的应对方式是……
② 我的应对方式或策略非常有效的一段时期是……
③ 我的应对方式或策略无效的一段时期是……
④ 我偏向于过度使用的应对策略是……
⑤ 我以后可以尝试去更多使用的应对策略是……

请记住,大多数的应对方式和策略都不是固有的"好"或"坏"——它们或多或少都是有帮助的、健康的或有效果的。

第3章 善用你的优势

应对压力

由压力引发的疲惫感往往被我们视为与快乐水火不容的一种存在状态。生活中的压力和挑战无法避免,但即便在最困难的情况下,你也有可能保持一种幸福和快乐的感觉。

积极心理学是一门致力于研究人类的积极品质,帮助人们充分利用自身的优势,使个人与社会变得更幸福、更具建设性的新兴科学。借助积极心理学,让我们来看看哪些优秀品质会帮助我们更有效地应对压力。

乐观

乐观是一种能够不断带来好结果的生活态度。近年来,它与更加健康长寿、更好的学业与工作表现以及更多的幸福感联系在了一起。乐观会为我们带来多方面的益处,其中之一是对心态的影响。能够承受压力并保持积极情绪基调的人会收获很多回报。良好的心态能让你在做选择时有更大的灵活性,同时也会让社会更具有包

第3章
善用你的优势

容性。保持乐观再加上随之而来给人带来的积极心态，会鼓励人们更多地与他人建立并维系支持关系，这种社会支持对人的健康也是有所助益的。此外，乐观还能激励人们更多地进行自我关怀。

能否被定义为乐观主义者，要看你如何去解读发生在自己身上的事情。当一些不好的事情发生时，乐观主义者倾向于用外部的（而非自己内在的）因素来解读，会认为事情是暂时的（而非常态化的），会针对具体的情况（而非笼统地）进行分析。而悲观的人会对以上因素做出相反的解读。

下面是一个关于上班的乐观主义的例子：我在一个下雨天开车去上班，由于赶时间，虽然没有超速但开得很匆忙，在一处弯道车滑了出去，并掉进了沟里。乐观主义者会这样解读这种情况：因为今天下了雨（并非每天如此），道路很滑（而非自责）；当路面湿滑时，恰逢弯道又特别急，车辆很难操控（非笼统地归因）。现在

应对压力

我们看看一个悲观主义者会如何解读同样的情况:由于今天我没有管理好自己的时间,才会开得太快(高度自责);我总是迟到(高度常态化),而这只是我做过的蠢事之一,都怪我太不善于时间管理(过于笼统地概括)。

你能变得更加乐观吗?研究表明是可以的。不妨回顾一下发生在你身边的坏事。你认为这些事情的发生是由你内在的因素所导致的,或者因为你做了什么吗?这种情况是不是经常发生在你身上?这仅仅是又一例常常发生在你身上的倒霉事吗?请你问问自己是否可以通过另外一种向外归因的、暂时性的、针对具体情况的方式来解读。

自我效能

自我效能是一种即便在最困难的情况下也能照顾好自己的信心,是一种对生活事件能够加以掌控的信念。这种品质与乐观的精神是相辅相成的。乐观的精神有助

第3章
善用你的优势

———

于提高你对未来的期望,而建立自我效能可以提高你的信心,让你相信哪怕事情很难处理,自己也有能力达成这些期望。自我效能是基于特定情境的,也就是说,作为一名学生,你可能在学业方面的自我效能很高,但在恋爱方面自我效能却较低。

拥有高度的自我效能会激励你更努力地工作、更努力地实现自己的目标。好消息是,你可以学着去提升生活的各个领域的自我效能。要如何去做呢?这里有一种成熟的方法。其中,最重要的是你要非常具体地想清楚自己希望在哪些方面感到更自信。对于这个问题,如果你明确了自己的目标,那么解决思路也就明确了。假如你的目标是开始定期锻炼身体,那么怎样才能通过建立自我效能提升完成这个目标的可能性?可以尝试下面的方法:

找到成就感。你可以从能达成的小目标开始,逐步达成你最终想要的结果。在此过程中,每一个达成了的

应对压力

小目标都能让你获得成就感。

找个榜样。 找到一些成功完成类似目标的人的例子。

询问他人的意见。 如果你对通过锻炼来促进身体健康产生了怀疑,不妨问问你的医生怎么想。我可以向你保证医生会告诉你"这是个好主意!"以帮助你提升完成目标的信心。

关注自己的感受。 有时你内心的某些东西会鼓励着你出门散步,它是什么呢?你是否对自己的健康状况以及它可能导致的后果感到焦虑?注意这种焦虑,看看你在散步之后会有多少改善。

对幸福的选择

幸福可以被视为你在生活中做出的一种选择。对很多人而言,这是唯一真正值得努力去追求的事情。专注于你的优势是获取真正幸福的一种方法。看看关于幸福的研究,来自美国加利福尼亚大学洛杉矶分校的杰

第3章
善用你的优势

———

森·萨特菲尔德（Jason Satterfield）提出了以下见解：

- 幸福似乎最常发生在那些有着良好的社会支持、已婚、生活中有精神信仰的人身上，而且外向的人比内向的人更易获得幸福。
- 不幸福似乎更多地发生在那些看重金钱、地位、声望和事业的人身上，而较少发生在那些重视人际关系的人身上。
- 年龄、性别、收入（高于满足最基本需求的水平）和外表吸引力等因素对一个人的幸福感几乎没有影响。

有一个很有趣的练习可以尝试一下。首先列出你的生活中、心智中以及理想中最重要的事情。然后对这些重要的事进行编号，并将它们排在一个列表中，把最重要的列在顶部。接下来，回想你日常的一周，将列出的

应对压力

一周内你所做的事情大致分类为工作、看电视、陪伴家人、去教堂等。现在,将此列表中占用时间最多的活动放在顶部,占用时间最少的活动放在底部。比较这两张清单,想想你是否花了足够的时间在看重的事情上,尤其值得思考的是你如何利用工作之外的时间。想想你在空闲时间所做的事情是否与你真正看重的事情一致。

构建幸福

首先,在你的笔记本中写下过去几周的感受。写完用几分钟时间思考以下问题,并在笔记本中记录你的答案。

1. 总体而言,你过得有多开心?
2. 总体而言,你和身边的人相处得怎么样?

第3章
善用你的优势

> 3. 你睡得怎么样?
> 4. 你对自己的健康照顾得如何?
> 5. 你对未来一两个月的生活有什么期望?
> 6. 你对未来一两年的生活有什么期望?
> 7. 你如何评价自己的整体生活质量?

接下来的一周内,在下列活动中选择一项加以完成。

感恩拜访。给一个对你特别好,你却未曾郑重表达过感激的人写一封感谢信。在写完这封信后,亲自送去给他。

生活中的三件幸事。每天晚上,安坐下来,在笔记本中写下当天很顺心的三件事。另外,写下每件事是如何发生的,然后参照前文的归因方式对每个原因写一个

应对压力

简短的解读。

最好的自己。 在你的笔记本上,写下自己处于最佳状态的那段时间的故事。请写满一页,深入当时的细节,探寻为何当时处于最佳的状态。

发挥你的优势。 做一个关于性格优势的人格力量测评(VIA)。得到结果后,在笔记本上列出你的五大优势。在接下来的一周里,看看你能否有意识地在日常生活中尽可能多地运用这些优势。

在这周结束时,回顾这七个问题,看看它们是否会发生什么变化。

深度思考

对于你在本章中确定的五种优势中的每一种:

❶ 在过去的一周里,当你有意识地选择使用这种优势时,请在笔记本中加以记录。

第3章
善用你的优势
———

② 在你过往的人生经历中，若这些优势帮你度过艰难的时期，请在笔记本中写下那段时光。

第 4 章

融入心流

应对压力

有时候,生活似乎在匆忙之中向你席卷而来。随着年龄渐长,你会愈发明显感受到人生如同白驹过隙。就此而言,你对于这种时间变化的感受可能会转化成生活中实际的压力,此外自身存在感的变化也会带来压力。若你觉得人生正悄然流逝,而自己却未能享受、品味和深刻体验它,会产生深深的绝望感。

当然,一定有一种方法能够让你在百忙之中放慢脚步,感受到生命不断起伏的流动。好消息是,的确有方法可以让你驾驭匆忙的时间,并充分活在当下。怎么做呢?我所知道的两种最有力的方法是探寻心流和培育正念。

心流

心流是伴随创造力出现的一种全然投入的状态。它可以发生在许多不同的活动中。你是否曾因太过投入而忘记了时间?也许你有过这样的经历,时间在一点一滴

第4章
融入心流

流逝，而你全然不知，脑海中只想着自己正在做的事。你可以花点时间问问自己，你是否曾经进入过一种让自己的注意力毫无压力地以一种愉快的、有节奏的方式集中起来的状态。其实那就是心流。

心流有几个特征，既涉及任务本身，也涉及任务执行者的心智状态。让我们分别来探究一下这些特征。

明确目标。当你处于心流状态时，你总是知道需要去做什么，就像音乐家需要知道接下来要演奏什么音符那样。在心流状态中，目标为你的体验提供了指导方向，但实际上完成目标却并不是你投入行动的原因。这真是一个可爱的悖论——在为完成预期目标而采取行动和不强烈地执着于行动的结果之间保持平衡。当你做一件事的原因只是行动本身而不是行动导致的最终结果时，你就会进入心流状态。

即时反馈。为了在一个过程中保持专注，无论是在工作中还是在娱乐时，你都需要知道自己当前做得

应对压力

怎么样。在某些领域，如学术界，这些反馈信息很容易获取。而在其他领域中，反馈信息不易获取，常常隐藏在人的内心中。在心流状态中，一直存在着某种形式的即时反馈。设定目标是一种将反馈信息提炼出来的有效方式。

挑战与能力的平衡。为了在行动中触发心流状态，必须找到挑战和能力的最佳平衡。当你处于心流状态之中，你既不会感到挫败也不会觉得无聊。在那种状态中，你运用你的能力，进行着一项虽然困难但有天赋去完成的任务。目标设定和反馈便是这任务的其中一部分。例如，如果你设定一个让洗碗机顺畅、高效工作的目标，那么做好清理工作这样简单的事情就可以增加心流的可能。

行动与觉知的融合。在心流之中，行动与觉知是彼此交融的。你处于完全意识到自己在做什么的时刻。在本章后面我们将重点讨论正念，但是现在，想一想在任

第4章
融入心流

何活动中你都能够关注到自己的身体、心智和精神发生了什么。

不分心。在心流状态中,任何会使你分心的事都被排除在意识之外,因为处于心流状态中的人在当下保持着高度的专注。当你以这种方式拥抱当下,你就会从无休止的恐惧、临场焦虑和对未来的担忧中解脱出来。

卸下自我意识。在心流状态中,使人软弱的自我意识消失了,会带来压力的连续不断的自我批评也停止了。出乎意料的是,你会变得更有能力、更放松,因而更具吸引力、更容易相处。

时间感扭曲。处在心流状态的过程中,你的时间感会被扭曲。你可能会沉迷在一个似乎永恒的时刻,当你从手头的事务中回过神来,可能几个小时已经过去了。

自成目的的体验。在心流状态中生活,意味着将越来越多的日常任务从你不得不做的事情转变为你想要做的事情。行动本身成为最重要的事,而不是行动的结

应对压力

果,这就是自成目的的体验(Autotelic Experience)。"自成目的"(Autotelic)来自希腊语,意思是某件事物以自身为目的。有一些活动,比如艺术、音乐、体育运动,通常是自成目的的,除了感受它们自身所带来的体验之外,并没有什么理由去做。就许多方面而言,幸福生活的秘诀是学会尽可能多地从平凡或无可避免的事务中进入心流状态。

探寻日常的心流

心流不是通过讲授就能习得的东西,它是一种你的身心想要进入的状态。你可以从每天做的一件事开始练习,为了方便起见,你可以选择一些自己在空闲时间喜欢做的趣事,比如散步、演奏乐器,

第4章
融入心流

或者一个业余爱好。你过去做自己喜欢的事情时，很有可能已经体验过某种程度的心流。当你下次进行这项活动时，留意心流的每一种维度——目标、反馈和当下的专注，留意这件你喜欢的活动到底如何吸引自己，让自己毫无分心地沉浸在活动中。

接下来，你要用另一项活动来寻找心流。你可以选择一个通常不会给自己带来很多快乐的任务，比如付账单或清洗厨房地板。再一次看看你是否可以将一些心流的原则应用到这项活动中。

继续尝试探寻心流，它会逐渐自然地出现，因为那是你与生俱来的能力。从繁杂的思绪中抽离，直接体验生活，心流就是这么简单。

应对压力

正念

正念是心流的一个方面,但它作为一种体验当下的生活方式而独立存在。简单地说,正念是当你的生活画卷徐徐展开时,对发生的任何事都不加以价值判断的一种关注的行为。

对我们周遭的一切进行判断和评价是人类的自然倾向。这是一种有益于我们生存的本能。当你处于正念状态时,你并不是在永恒的极乐中穿行,不是去审视每一朵花,仿佛宇宙的奥秘就在其中。正念是一种立足当下、亲力亲为的生活方式,能够使日常生活更丰富、更容易获得启发。如果你把生活当作一次学习的经历,一次成长的机会,一条通往睿智和优雅的道路,那么你几乎肯定会成为一个更加正念的人。正念是一种技能,可以帮助你放慢脚步,以一种更警醒、积极的姿态,投入生命中的每一刻。

第4章
融入心流

在回顾冥想对大脑影响的研究时,雷尔·卡恩(Rael Cahn)和约翰·波利奇(John Polich)推测,冥想有助于减轻抑郁和压力症状的原因之一在于它鼓励个体将消极想法视为独立于自我的东西。在冥想中,人们只是简单地对自己说"这只是我现在的一个想法,它会过去的"来确认所有想法的暂时性。

情绪稳定和把想法的内容解离密切相关。仅仅是在对想法做出反应前给自己留一点时间去观察,就可以预防一天中出现的许多低落情绪。你应该认识到,想法只是由许多的词和小故事组成的。你可以注意到它们,甚至可以聆听它们并对其采取行动,但不必任由这些想法来决定你的情绪状态。这是你可以加以练习并逐渐擅长的事情。

安定自心

宁静的内心是一份你可以通过练习来赋予自己的恩

应对压力

赐。你还记得自己只是坐着，或者只是看着什么的时候吗？你还记得自己只是听着声音，感受着自己的身体、自己的呼吸，而没有对正在发生的一切加以思考、描述的时候吗？你还记得自己只是安住于当下，什么都不做，甚至没有试图冥想或放松的时候吗？当你仍然保持着高度的觉察力，不被外界评判（好的或坏的，尚可的或不行的）所困扰，只是简单地让你周围的一切自然流淌，那么你就处于冥想状态了。

随时随地的正念练习

接下来是一个开始练习正念的好方法。请找到一段十分钟左右只属于自己的时间。练习时不必待在昏暗的房间里，可以选择在户外，在办公楼或酒

第4章
融入心流

店的大厅里，在家门口的院子里，甚至在你的车里（如果不是正在驾驶的话）。你需要的只是坐下来，并且确认在接下来的几分钟里你不会被打断。

现在，调整到一个舒适的坐姿。如果可以的话，不要交叉双腿，双脚平放在地面上，双手轻搭在大腿之上。再次检查一下全身，确保自己能够放松。

然后，开始关注你此刻呼吸的真实过程。你可能会想：嘿，你猜怎么着？每隔几秒钟就会有空气进出我的身体。当它流经我的鼻子和喉咙时，我能感觉到它的微凉。而当空气进入胸腔时，我能感受到胸腔的扩张。就这样觉察一分钟左右的时间。如果你的注意力不再集中于呼吸上，只需要放下此刻任何所想，再一次把你的注意力转移到空气进出的流动上。

应对压力

> 接下来,开始关注你周围发生的事情。这是一个你需要加以小心的注意力切换过程,因为你可能会发现,自己的脑海里充斥着关于事情看起来如何以及事情是否正常的话语。如果发生这种情况,温柔地将注意力转移到你的呼吸上。伴随着呼吸的节奏,对自己说"吸气,呼气",直到你能够放下纷杂的评价,好奇地观察周围的世界。

单纯的觉知是人类与生俱来的东西——无论是婴儿还是蹒跚学步的孩子都在使用它。他们仅仅是在观察。经过不断练习之后,你会慢慢地培养出一种能力,每天都能有几次转换到这种单纯觉知的状态。这是一种完全不同的生活方式,一种能够使压力快速减轻的方式。

最终,你会想要建立一种连接——对生活偶尔进行

第4章
融入心流

单纯觉知的练习和对想法与认知持续进行觉知的练习之间的连接,想想这幅图景:你可以用你观察世界的方式来观察你的想法和行为,不带有无休止的评判,只允许自己呈现最真实的模样。

濒临崩溃时的冥想

你是一个被各种事务缠身的人吗?很可能你真的如此,不然你也不会阅读这本关于压力管理的书。生活是严苛的,向四面八方拉扯着你。与大多数人一样,你也许曾经有过一段时间觉得自己快要疯掉。打破这种螺旋上升的高压状态对你的身体、情绪和心理健康都至关重要。你可以学着从疯狂的状态中暂停几分钟,然后重新投入生活,这样就能精神饱满且更有力地应对它。

一个随时随地都可以使用的极佳方法是三次呼吸法。你需要做的就是认清压力的迹象。一旦你开始感到快要被生活淹没,停下来并对自己说"我需要休息一

应对压力

下",然后全神贯注地进行三次饱满的呼吸。你需要从充分呼出气体开始,平静地、仔细地感受下一次气息的进入,感受气息在你的体内扩展开来,在心里想着"谢谢你"。接着,你应屏住呼吸片刻,然后缓缓地呼出,在心里想着"放下吧"。按这种方式再重复呼吸两次。不要用没有时间来欺骗自己,你完全有时间仔细地、慢慢地、正念地进行这个练习。

正念行走

在我写到关于冥想、正念和心流的内容时,不能不提到我最喜欢的冥想方式:正念行走。这只是一种非常缓慢的散步方式,在此过程中,你会密切关注所发生的一切。从协调你的呼吸和你的步伐开始,你应在吸气时迈出一步,呼气时迈出下一步。你就这样行走一会儿,注意每只脚是如何接触地面的、胸腔是如何扩张的,以及当你走得这么慢时是否会感到尴尬。

第4章
融入心流

渐渐地,你将注意力转向周围的环境,会惊奇地发现自己曾经错过那么多的细节。如果你喜欢正念行走的话,或许也会喜欢太极、气功或瑜伽。

深度思考

根据本章的内容,回顾并记录:

① 在本章介绍的方法中你尝试了探寻心流、单纯觉知、三次呼吸法或正念中的哪个或哪几个?你在尝试后有怎样的感觉?

② 如果你尝试后觉得这种方法看似可行,那么就制订一个计划,至少坚持练习一个月。可以在手机上设置一个提醒,让它帮助你使这些方法成为你生活中的一部分,当你需要的时候,你会自然地用到这些方法。

③ 如果你喜欢其中一种方法,但在尝试它时似乎并没有即刻达到效果,那么你仍要坚持练习一个月。你所学到的方法都会跟随你不断成长,而你需要做的就是在持续的练习中使其日渐成熟。

第 5 章

以食代药

应对压力

饮食与压力之间有着深切的关联。它们的关系是双向的：缺乏营养会让你更容易感受到压力，而压力会影响你对健康食物的选择，以及身体消化和吸收营养的能力。

食物作为生活的必需品，对很多人来说习以为常。但食物也被赋予了太多的情感和社会文化内涵。与此同时，我们的饮食越来越高脂肪、高钠且缺乏营养，这给我们带来了众多压力。

工作、带孩子、做家务以及其他生活琐事，会给我们带来时间上的压力。这种压力会使你觉得从冰箱里随便拿出一份速食品加热后作为晚餐再方便不过。从短期来看，这似乎是一个节省时间同时又缓解压力的好方法。然而，当你牺牲了采买、烹煮以及有意识地品尝食物的日常仪式时，你就错失了在放松状态下用餐时潜在的社交上、情感上和健康上的益处。

如今快餐店食物的分量是三十年前的2~5倍。在

第5章
以食代药

过去的十年里，人们在家吃饭的平均分量也急剧增加，这意味着日均热量的摄入量大幅度增加，这无疑是导致当前肥胖流行的主要原因。

此外，新闻媒体还经常报道一些令人们对食物感到担忧的信息，从牛海绵状脑病（疯牛病）到沙门氏菌污染，再到农产品上的农药残留。通常，这些报道并无事实根据，或是依赖于不充分的研究，抑或对微小的风险进行夸大。然而，这些报道还是会让人们对食品安全感到担忧，让人们在当代生活中已有的压力变得更大了。正确看待对食物的恐慌是很重要的。其实在很大程度上，我们的食物供应是安全的，我们最应该关心的是饮食方式。想要对身体做出最好的保护，就要以最天然的方式摄入多种多样的食物。

压力对饮食的影响

压力对食欲有很大的影响。当人们压力很大时，人

应对压力

们的营养需求会有所改变。同时,这个时期的人们往往进入紧急用餐模式——吃得过于仓促、吃快餐及加工食品、站着吃或边看电视边吃,所有这些习惯只会使压力对身心造成更大的伤害。

一些与压力相关的暴饮暴食其实只是一种给人带来愉悦感的习惯性活动。思考一下当你感到不知所措时,你会向食物寻求慰藉的心理和情感原因吧。在我们的社会中,食物是现成的,很美味而且相对便宜。它提供了一种即时满足的体验。吃饭也是一种社交活动,是我们可以与家人、朋友和同事分享的乐趣。分享食物、喝可乐这种高热量饮品是令人愉悦的活动,可使我们从日常的烦忧中解脱出来。但请注意以下几点:

压力会让你吃得更多。在慢性压力的恢复阶段,皮质醇(一种压力性激素)刺激人体提高脂肪储备以保护人的身体,帮助人应对长期挑战。它通过刺激人们对愉快事物的渴望来实现这一点,比如吃东西。想想生活在

第5章
以食代药

贫困地区的人们，你就会发现这是有道理的。在慢性压力下，这些人会希望通过多吃来保持体力。在21世纪的美国，慢性压力往往会激发食欲，而食物无处不在。这似乎是导致美国人超重和肥胖水平上升的主要原因。而这只是压力对饮食影响的一部分。

压力使你渴望糖和脂肪。慢性压力似乎不仅影响你吃多少，还会影响你对食物的选择。皮质醇和压力的情绪效应往往会增加人们对甜食和高脂肪食物的欲望。甜食和高脂肪食物能诱导大脑释放出内源性阿片类物质（一种快乐物质），这种物质能让人减轻疼痛并产生快感。

压力将引导脂肪储存到腹部。高水平的皮质醇会导致更多的脂肪储存在腹部的脂肪细胞中，这就是内脏脂肪。这种脂肪会影响人体内血糖和血胆固醇的含量，对心脑血管健康造成非常严重的危害。内脏脂肪高的人罹患心脏病、非胰岛素依赖型糖尿病（2型糖尿病）、高血压，以及猝死的风险更高。内脏脂肪通常来自碳水化

应对压力

合物和脂肪含量高的食物,比如蛋糕、点心和冰激凌,它们常常被当作安慰食品来使用。摄入的高糖类食物、高脂肪食物越多,你的肚子就越可能使你疲惫的大脑平静下来。这样,你就会因为吃到了带来慰藉的食物,以及满足了内脏脂肪的储备而获得了生理上的满足。事实上,对一些人而言,暴饮暴食虽然是一种无意识的行为,但身体确实有增加内脏脂肪储备的意图,因为这些脂肪细胞会与大脑相互作用,以抑制应激反应并改善情绪。而如此改善情绪的代价是非常高的,其实还有其他方法可以替代,比如进行30分钟的散步也会对情绪有所帮助。

不良饮食引发压力

显然,压力会影响你对食物的选择、影响身体对食物吸收的方式,最终影响到你的健康。而这个过程也有反向作用:你的饮食也会影响压力水平。

第5章
以食代药

无论你是吃得很多还是节食减肥，你摄入的重要营养物质都可能不足以维持长期的健康。这一切都与食品加工有关，食品经过加工改良可以变得更可口（甜或咸），更便于烹饪，或者能保存更长时间。许多类型的食品，尤其是全谷物类食品，经加工会产生营养流失。许多人选择的食品缺乏营养，包括锌、镁、维生素D等，这些营养对抵御压力的影响非常重要。在此我们面对着一种恶性循环：缺乏营养是压力的诱发因素，同时也是压力产生的后果。这会导致超重、肥胖和慢性疾病的发病率上升。

人们在进行节食减肥或其他限制性饮食活动时，往往更容易因压力和痛苦情绪而暴饮暴食。节食的人大脑中内源性阿片类物质含量较少，大脑通过提高对内源性阿片类物质的受体敏感度来进行补偿。一块饼干或其他食物奖励都会诱导这些物质在大脑中释放，让人产生一种强烈的渴望，而这种渴望或许只有通过一顿饕餮盛宴

应对压力

才能得以满足。

最后，吃东西本身往往会刺激皮质醇的释放。饱餐一顿后，胃部被食物填满，身体的血压会升高、心率会增加，这恰好是压力变化的典型标志。虽然这种反应是正常的，但当你频繁且过量进食时，它就会成为一个问题。想要抵消这些影响，可以尝试吃得更慢、更从容，并专注于咀嚼、吞咽和食物进入胃部这个过程中身体的感受。

食物是非常好的压力管理工具，当然前提是你能够正确地使用它。为了舒适而吃是可以的，只要你选择的食物能够给你的身体带来滋养。如果你愿意花些时间亲自烹煮美食，简单且精致地吃上一顿，那么你的舒适度将大大提升。在你关心的人面前，慢慢地、持有正念地吃健康的食物，是生活中的一大乐事。诚然，用这种方式吃饭需要更多的时间，但你收获的回报是无价的。

第5章
以食代药

你应该吃些什么

关于饮食，你首要考虑的应该是每日消耗的微量元素的平衡问题。你的饮食是否单纯地以糖类、人造脂肪或加工肉类食品为主？这些食品往往会增加压力对身体的影响。所以，接下来让我们从平衡饮食中的蛋白质、糖类等营养物质的摄入量开始。

蛋白质： 蛋白质的摄入源应以瘦肉和鱼类为主，尤其是鱼类还提供了对抗压力的最佳脂肪。其他优质蛋白质来源包括脱脂或低脂干酪、酸奶、乳清蛋白、鸡蛋、扁豆和芸豆等。

脂肪： 你还需要源源不断的优质脂肪（如鱼油），因为它们是大脑将氨基酸转化为神经递质的原料。请尽量避免摄入反式脂肪酸及其他人造脂肪，选择没有经过多加工的纯净橄榄油或菜籽油。

糖类： 人体内的色氨酸主要来源于食物。因此，

应对压力

当你选择高糖类、低蛋白质的食物作为正餐或点心时，大脑中血清素的含量会提升。在感到焦虑或其他负面情绪时，你可能会对此类食物产生强烈渴望，就像把食物作为一种应对不适感的自我治疗方式一样。这种对糖类的渴望可以通过更健康的方式来满足，比如以复合糖类（存在于全谷类食品、水果和蔬菜中）替代简单糖类（存在于果汁、糖果和糕点中）。

维生素和无机盐： 还有一种你需要加以关注的重要营养元素是维生素C，它也是构成神经递质的重要元素，对大脑有着重要影响。此外，长期处于压力之下，也会使B族维生素和镁等其他营养元素消耗殆尽。

蔬菜： 蔬菜可能是我们容易获取的最有益的食物，也最容易被我们忽视。爱上三四种蔬菜并经常食用，是你能为自己做的最好的事情。多吃蔬菜能够帮助你的身体抵消压力带来的影响。美国卫生和公众服务部和美国农业部联合建议，每个人每天吃300～500克的蔬菜。

第5章
以食代药

而大多数人远没有达到这个水平。

你该怎么吃

正念饮食是一种在吃东西时放慢速度并保持专注的饮食方式。这是打破饮食和压力之间某些关联的一种绝佳的练习方式。暴饮暴食的许多问题都来自一种需要抓紧时间去做下一件事的匆忙感。重新思考饮食方式会很有助益,每天至少一餐正念地吃,能够让自己的生活节奏慢下来并提高自己的健康水平。

正念饮食练习

让我们从去市场采买开始。选择一两种你想要带回家烹饪的蔬菜,可以挑剔一些,只选择那些看

应对压力

起来新鲜、气味佳、颜色和品质较好的蔬菜。

回家后,你先要怀着感恩的心处理自己选择的蔬菜:先把它们清洗干净,去掉不需要的叶子、根茎及其他多余部分;留意蔬菜的颜色、质感以及气味;想象一下它曾是一粒播下的种子,想象它生长的土壤以及滋养它的阳光雨露,想象所有参与种植和采摘这些食物的人此刻都相伴在你的厨房里。不妨对这一系列奇迹般的生长过程表示感恩吧,这一切使你每天都能够轻而易举地得到食物。

然后,你要小心地烹饪这些蔬菜,确保不要烹煮过头,最完美的状态是保持菜色鲜艳,咬起来质地足够柔韧而不软烂。之后,你可以选择一个精美的盘子或碗,仔细做好摆盘。还要在上面加些黄油或盐吗?不过在你添加任何额外调料之前,不妨先

第5章

以食代药

尝一下它最本真的滋味。

现在,你可以坐在桌子前,不要分心,不要看任何电子屏幕。在咬下第一口前,你可以再一次观察菜肴的质感、颜色,观察它经过烹煮后发生了怎样的变化。这会让你意识到你将要服用一剂地球上最好的药物,你的身体将受益于接下来这一小口美食。

在吃下第一口后,你需要放下餐具,给自己一个仔细品尝的机会——在咽下之前至少咀嚼30次。此时,你可以注意食物向下进入胃部时带给自己的感觉。

当你继续品尝的时候,试着让每一口都如同第一口那样正念地吃。这或许会需要一些练习和耐心,但这是非常值得的。

在用餐结束后,请你花点时间回想一下自己身

应对压力

体刚才的感觉。你感到放松了吗？你体验到愉悦感了吗？请花一两分钟把你的印象记录在笔记本上。

深度思考

试着每天正念饮食一次，持续一周。然后请你把自己的感受记录在笔记本上。

第 6 章

坚持规律运动

应对压力

运动,尤其是有节奏的律动,早在你出生之前就已经开始了。尚在子宫里时,你的心跳已经独立于母亲,以自己的节奏跳动。一旦你的胳膊和腿成形,它们就开始移动——在羊水里日夜挥舞、推挤、摇晃。这些运动有助于促进肌肉和神经的发育,以及建立两者之间的连接,为你即将开启的一生做好准备。早在你降临到这个世界之前,你就已经花了几个月的时间来学习移动身体,并对身体的节奏做出反应。

身体所有的系统在急性压力下以及较低程度的慢性压力下都要尽量维持正常运行,维持系统的平衡运行需要消耗大量的重要资源和能量。这些被消耗的能量原本用以修复不断磨损的组织、对抗感染、促进新细胞生长、消化和吸收食物以及进行其他维系生命的活动。因此,要如何让自己切换到一个更放松的状态,使身体稍作休息呢?答案之一是:动起来!

压力反应是一种真实的生理状态,在现代社会中,

第6章
坚持规律运动

它通常来自你所想象的威胁,而不是那些与你的生命安全或幸福相关的直接威胁。你可以通过头脑来应付这些压力,同时你也需要缓解伴随慢性压力而来的身体紧张,否则会引发背痛、肌肉酸痛以及频繁受伤等。

慢性压力导致的严重后果之一是失眠。规律的运动能够促进健康睡眠模式的养成,是一种有效应对失眠的方法。

运动到底能带来什么?

当我提及运动对健康的好处时,所指的运动是有氧运动,这是一种可以使心率提升、血液流动加速的运动,比如健步走、跳舞、跑步和骑自行车等。

你的压力是否有一部分来自对健康问题的担忧呢?你是否会担心自己死于心脏病、癌症或其他慢性的不治之症呢?如果是这样的话,运动可以缓解你与健康相关的焦虑。当你开始运动,你不仅能够从规律的体育锻炼

应对压力

中获得直接的减压效果,还可以保护自己免遭慢性疾病的侵袭,延长寿命且充满活力。

体育锻炼会刺激你的身体释放内啡肽——一种令你感觉安适的神经递质。即便你已经结束了运动,内啡肽也会在你的体内持续作用。规律的体育锻炼可以改善情绪,哪怕对重度抑郁症患者也会起效。对老年人也是如此,定期锻炼能增强其对日常事务的胜任力,促进积极情绪及生活中的意义感。由此可见,运动对自尊有着很大的影响。

锻炼身体可被视为一种在生活压力和对健康产生的负面影响之间起缓冲作用的因素。在一项对高血压患者的早期研究中,基于心理压力因素的实验数据,阿纳斯塔西娅·佐治亚德斯(Anastasia Georgiades)和她的同事发现,在6个月内规律运动的人比那些没有运动的人表现得要好得多。与非锻炼者相比,在压力产生前、压力中和压力消失后,持续锻炼者的血压和心率均较低。

第6章
坚持规律运动

设定锻炼目标

你需要多大的运动量呢？简单讲，或许并没有你想象中的多。但实际上，这取决于你的目标，例如，你需要减肥吗？你想要达到运动员水准的体态吗？有没有一项运动是你希望能够持续一生的？或者你只是想控制压力，避免一些慢性疾病带来的风险？

首先要做的是实事求是地决定你想从规律的运动中得到什么。其次你必须相信你将会收获这些益处。最后你得相信自己能够做到。

定期重新评估你的目标也很重要，因为目标可能会伴随着你运动水平的变化而发生改变。许多人起初选择散步来放松自己或使自己更健康，后来才决定要成为一个跑步者。

关于运动的一个常见的问题是制定锻炼的强度和频率。高强度运动对许多人来说是可怕的，它会使心脏和

应对压力

肺部产生剧烈的反应,并增加运动损伤的可能性,而且运动的早期阶段其实并没那么有趣。最好从中等强度的运动开始,看看接下来会如何发展。即便你的运动强度一直保持在这个水平没有提升,也依然会给你降低压力水平和保持整体健康带来良好的效果。此外,研究表明,短期运动和长期运动对减肥、强化体质、改善情绪与睡眠质量、缓解压力有同样的效力。一般来说,建议每天进行30~50分钟的高强度有氧运动。若你当前的状态无法完成这一点,那么相对简单的拉伸、舞蹈或瑜伽也可以为你带来很大的改变。

深度思考

让身体动起来所带来的缓解压力、提升情绪、改善睡眠的效果非常显著。如果你能够坚持一些自己喜欢并且可以安全进行的运动,将受益匪浅。运动适合每个人,因此你可以:

第6章
坚持规律运动
———

① 使用计步器来提醒你的运动目标。
② 试着多走一个街区,上下楼时尽量选择走楼梯,或者边做家务边舞动。
③ 如果你不知道该从哪里开始,可以咨询一下医生。

第 7 章

积极表达

应对压力

情感是涉及身体、心智和精神的自然现象。它们有触发事件、开始、发展和结束等不同阶段。每个人都有情感，但并不是每个人都知道如何从自我出发来表达情感。理想情况下，感受会引发自我表达，从而发展自我觉知。当你面对挑战和损失时，这份自我觉知能够增强你的信心。感受是一种信息和能量的来源，你可以通过感受为现在和未来做出健康的选择。

你的想法、感受和记忆可能是压力的来源。生活中难免会有一些令人沮丧、痛苦以及给人带来创伤的事情发生。当这些事情发生时，你会想尽办法控制自己对它们的感受。或许你和大多数人一样，有时会把自己的情绪放在一边，试着不过多地理会它们。不去想事情，把痛苦的记忆封锁起来，不让自己感到愤怒、悲痛和哀伤，这需要耗费很大的心力，从而造成压力。

生活每天都会带给你挑战和压力，你要选择一些应对方式作为回应。正如你在第2章了解到的，你并不能

第7章
积极表达

控制你面对的压力总量,但你可以选择如何应对它。生活中的确有一些更为健康的应对方式。

在社交过程中,抑制情绪会使你词不达意,这会阻碍你发展成长所需的融洽、亲密、健康的人际关系。试图封存曾因生活动荡而引发的感受和记忆,反而会适得其反。被压抑的感受和记忆会变得扭曲,以一种令人不舒服并且难以控制的方式强行侵入你的意识。它们会以梦境或强迫思维的形式呈现在你的面前。一个极端的例子是创伤后应激障碍,这种障碍的特征是患者无法接纳创伤经历,无论这种创伤经历是偶然事件还是一种持续的情况,都远远超出了患者所能应对的极限。

有感受很正常

如果抑制情绪不是应对压力的最佳方式,那该怎么做呢?什么样的应对方式最有益于你的身体、情感和社交健康呢?

应对压力

表达情绪的方式有很多，涵盖从艺术表达到语言描述的各个领域。重要的是你能感知到自己的感受，允许自己将这些情绪外化，承认感受并加以处理。

除非你压力很大，否则长期困于情绪中是很不寻常的。情绪的自然流动就像岸边的海浪——浪潮涌起，不时携卷着巨大的力量，继而归于平静。你要做的是让这个过程自然地发生，如此你就可以善用感受之中携带的信息。倘若你能够学会允许自己的感受自由来去，就可以更高效地管理压力。

这种方式同样适用于调节悲伤、愤怒、沮丧、怨恨等负面情绪，这些都是正常的情绪，需要允许它们自发流动。矛盾的是，你越试图抑制自己的负面情绪，它们就越强大，由负面情绪引发的压力也就越大。许多心理学研究表明，抑制情绪是完全无效的。一个强迫思维或情绪会持续不断地吸引你的注意力，直到它得到应有的重视它才会失去效力，并逐渐消散。

第7章
积极表达

追踪负面情绪

这个练习将帮助你了解自己对负面情绪的应对机制,以及对负面情绪的耐受性。想想上一次令你感到气愤、沮丧或伤心的事情,不一定要选择一个重大的创伤事件,但请选择一些确实令你感到不安的事。这么做的目的是通过仔细剖析你对此事件的回应方式,来揭示你的生理与情绪有何反应,以及当事情变坏时你劝慰自己的方式。

现在想想在这种感觉开始的那一刻,你有何想法、感受和行为。当你进行以下步骤时,请在笔记本中写下这些问题的答案。

步骤1:这些情绪发生在你身体的什么位置?以何种方式呈现?你有没有觉得肌肉紧张、心跳加快?

应对压力

你是否不安地走来走去,还是已经麻木了?你的身体上有什么感觉?身体的哪个部位有这些感受?

步骤2:现在想想你对于这些情绪的第一反应,这非常重要!你的第一个反应是逃跑还是靠近?也就是说,你是想抱着冰激凌一个人蜷缩在电视机前,还是想给谁打个电话把这些不适倾诉一番?对于身体的这些感受,你的内心做出了怎样的回应?

步骤3:现在花些时间回想一下这些感受会持续多久。此外,请留意当这种感受消失的时候,你是否有一种完成感,还是仍感到一些模糊(或强烈)的不满?

步骤4:如果你唤起的记忆引发了一些生理上的不适反应,那么现在请花些时间来放松自己的身

第7章
积极表达

体,让记忆渐渐消失。进行一次深长而柔缓的呼吸,专注于吸气时胸腔被空气缓缓填满的过程,然后伴随着呼气,试着让肩膀及其他部位的紧绷感缓缓释放。

步骤5:最后,请记下在步骤2中你的反应是否帮助你改善了负面情绪。这需要你坦诚地觉知自己的感受,并且愿意批判性地看待自己的言行:你有没有勃然大怒,斥责令你生气的人?面对并不乐观的情况,你会不会依然苦笑着说一切都很好?健康的自我表达很重要的一部分是能够觉察、命名和讨论情绪,即便这些情绪令你感到不适。

你可以学习以更有效的方式去管理情绪,但首先需要做的是接纳自己的悲伤和愤怒,以及你的喜悦与满

应对压力

足。有时候,你能做的最好的事情就是让自己花点时间去感受消极情绪,看看从这种感受中能学到什么。如果这种感受非常强烈,那么进行一些高强度的运动来缓解肌肉紧张和不安会非常有帮助。

情感表达带来的疗愈

自我表达绝非易事,因此人们经常通过使用酒精或其他方式来释放自己,让自己说出或做出一些平时绝不会做的事。有时这无伤大雅甚至很有趣,但大多数时候这会导致危险的行为。尤其在压力大的时候,这会削弱你的防备,使你更有可能说出或做出一些伤人伤己的事情。把感受打包起来压在心底只会使它们更加吸引你的注意力。而当这些压抑感被释放时,它们往往更难被控制。如果你能够在日常生活中更加自由地进行自我表达,那么当遇到压力时或在酒精及药物的影响下,你需要释放的情绪就会减少。

第7章
积极表达

重要的是避免滥用你的情绪——不要利用它们的力量去操控或伤害他人。你要允许自己去感受悲伤与愤怒，甚至可以在不伤害他人及彼此关系的情况下与他人分享这些感受。以下是自我表达的一些益处：

优化记忆空间： 自我表达能把你的头脑从忧虑中解放出来，使你有更多高效的记忆空间去应对日常生活的挑战。

有意义的反思： 运用书写或讲述的方式进行自我表达，可以帮助你从痛苦的事件中获取积极的意义。

增强与他人的联结： 和他人一同处理问题也会增强人际关系。当你愿意并且能够表达你的感受时，你就会获得许多与其他人更加亲近的机会。

改善身体症状及免疫功能： 约书亚·史密斯（Joshua Smith）及其同事在《美国医学会杂志》上发表了一项里程碑式的研究，他们调查了一组哮喘患者和另一组类风湿性关节炎患者书写压力产生的相关经历可能带来的益

应对压力

处。与对照组的患者相比，试验组的患者，其身体状况在各测量区间均有较大变化。

袒露消极情绪是许多心理治疗方法的关键要素，这些方法包括个体治疗、互助小组和艺术治疗，每种方法对于压力管理都十分有效。

心理治疗： 在心理治疗过程中，治疗师和来访者共同建立了一种基于信任并有着健康边界的一对一关系。随着时间的推移，来访者开始通过语言向治疗师表达自己的感受和诉说记忆中的事情。大多数医保计划会覆盖为期数周的心理治疗疗程。

互助小组： 社会支持能够预防压力和疾病已经得到人们广泛认可。在互助小组中，人们相聚在一个可控的环境中谈论自己的过往，当遇到痛苦的事情时，小组中的成员能够彼此分享。

艺术治疗： 艺术治疗是一种特殊的心理治疗方法，它通过艺术来诠释人们的心理感受，并帮助人们找到解

第7章
积极表达

决问题的方法。对很多人来说,尤其对于孩子,这是一种很好的表达方式,能够让他们触及难以用语言表达的情感。在艺术治疗过程中,艺术治疗师借助绘画、涂色、捏黏土等方式帮助人们表达自己的感受。谈论艺术创造的过程为人们提供了一个理解自己的机会,帮助他们探索那些自己可能无法辨识和理解的问题。

创造性的自我表达

在没有治疗师的帮助下,你可以利用自我表达的力量有效管理生活中的压力。你可以通过写作、写日记及绘画等其他方式来表达你的感受,并阐明你的想法。

创造性的自我表达最终会增强你与他人沟通的能力,使你在人际交往中更加开放。其中,能够表达愤怒和悲伤尤为重要,倘若排斥或压抑这些情绪,最终会给你造成严重的伤害。

创造力是我们人类与生俱来的,你可以利用自己的

应对压力

个人经验作为原材料来培育创造力。你的思想、感受、见解、梦想、创意、成功与失败都是帮助你成长的素材，值得你密切关注。你可以从以下这些方法开始创造性地进行自我表达。

写日记： 写日记可以满足你对自己的成长经历和自己所生活的世界加以关注、记录和重温的需求。其中的关键在于自我表达，你可以将自己的成长经历写在纸上，对它们进行重温、加工，或者最终忘却它们。

视觉日记： 视觉日记是指在日记页面中使用图画、贴纸、抽象的图案、照片等视觉元素的过程。对许多人来说，在日记页面中添加图像这种视觉元素会使日记的记录过程变得丰富。视觉日记的优点与艺术治疗类似。你可以用不同颜色的笔写下日记中的不同内容，仅是这样就可以使日记页面生动鲜活。创作视觉日记需要勇气，因为你创作的是一个只属于自己的精神世界，在那里你要敢于表达自己，不要害怕犯错。

第7章
积极表达

讲述故事： 你可以通过给别人讲述自己的故事获得自己对生活的客观看法。讲故事是一种和亲朋好友相互分享的特殊且具有意义的活动。以下是关于怎么开展讲故事活动的一些建议：留出一个晚上和亲朋好友聚在一起讲故事，让到场的每个人准备好分享自己的故事；在讲故事之前，要求大家在其他人讲述时都全身心地倾听，不要打断他人讲话；然后，每个人轮流讲述自己的故事。这种有意识的讲故事活动为人们提供了一个在日常生活中难得的与他人联结、理解他人和自我表达的机会。

书写压力事件

这个练习简单而有效，能够让你掌控烦恼与挑战，以及它们给你带来的情绪。请在接下来的四天

应对压力

内坚持这个练习,并下定决心把这个练习进行到底。你可以通过在笔记本上记录自己的反应来关注它对你的影响。

以下是每一天的书写步骤:

1. 选择一个你不会被打扰到的安静的地方。

2. 花些时间从你过往的人生中选择一段痛苦的经历。在接下来的四天里,把这段经历作为目标书写下来。选择一些令你烦心但又不会太过痛苦以至于让你无法思考或难以承受的事情。在书写时要注意:无论你对这些事情有怎样的记忆、想法和感受,你都不要过于激动,只是自然地把它们书写下来。

3. 花五分钟左右的时间安静地坐着,让身体放松。不要试图关注任何事情,让你的目光变得柔和、分散,或者闭上眼睛。

第7章
积极表达

4．从观察呼吸开始，留意自己的吸气与呼气。你可能会注意到，在呼吸时，你的肩膀会微微下沉，下巴会逐渐放松，其他部位的肌肉紧绷感会慢慢缓解。不要干扰这些过程，让它们自然地发生。

5．几分钟后，重新注意你刚刚选择的目标经历。让自己尽可能地回忆起那段经历，并让与记忆相伴的感受浮现出来。如果此刻你感到难以承受，就把注意力转移到呼吸上，直到自己能够平静下来。

6．设定一个20分钟的计时器。然后拿起你的笔开始自由地书写。不要停下来编辑或划掉什么内容，只是不断地写。把所有你意识到的东西写在纸上，即便你所写的似乎毫无意义。这个练习是关于过程的，而不是结果。重要的是，你在对过往发生之事以及自己的感受进行表达时，你是全然自由且

应对压力

不受任何阻碍的。

7. 持续写下去，直到计时器响起或你感到自己已经完成了书写。

起初你可能注意到，这个练习会引发焦虑或其他不适感。只要这些感受不是太严重，就让它们自由发展，持续留意它们，直到它们自然消退。

这个练习的关键是让一个问题暴露出来，让它以故事的形式徐徐展开，并观察随之而来的感受是如何产生、发展以及消退的。这个练习能够帮助你积极应对情绪，让你采取一种更直接的方法来管理压力。

你也可以在日记里给曾经带给你伤害的人写一封信。这是一个很隐私的自我表达练习——你不需要把信

第7章
积极表达

寄出去。你只需要给自己一个表达自己的机会,把你的感受用文字自然地表达出来,就好像在和别人聊天一样。无论这些感受在你看来有多么苦涩或哀伤,你都不必担心表达真实的感受会带来什么后果。

> **深度思考**
>
> 你的任何情绪都有其功效,接受这一点,是管理由情绪引发的压力的第一步。思考以下问题并把你的答案写在笔记本上。
> ❶ 什么样的情绪太强烈或太可怕以至于让你无法处理?
> ❷ 本章中的哪些策略可以帮助你感受、忍耐以及安全地表达强烈而可怕的情绪?

第 8 章

联结他人

应对压力

人际关系可能是人类存在的最好也最糟的部分,但有一点是肯定的,人际关系的影响无可避免。我们永远无法摆脱他人的影响,这种影响甚至是由某人的缺席而造成的,比如孤独与寂寞。考虑到人际关系和社会联结具有重要影响,了解它们如何对压力与健康产生影响是很有意义的,并且可以通过这种理解为自己和身边的人创造更好的生活。

我们人类对于联结的需求表现为社会支持。这种支持通过某种人际关系从一个人传递给另一个人,无论是在职场、亲密关系还是家庭生活中,人们都有意识地给予他人社会支持,帮助他人。

社会支持有四种主要的形式:

· 情感支持,如共情、爱、信任和关怀。
· 工具性支持,如有形的帮助。
· 信息性支持,如劝告、建议及信息。

第8章
联结他人

- 评估支持,如通过给予反馈,帮助一个人进行自我评估。

社会支持能够帮助你的方式或许有很多,但有两种主要的途径已被确定。第一种是直接改善身心健康——拥有良好的社会支持能够改善你的情绪、幸福感和身体机能。第二种是激发并培育更健康的行为——拥有良好社会支持的人往往能更好地照顾自己。

几十年的研究表明,社会支持与抽烟、患有高血压或运动一样,是决定你寿命的重要因素。与世隔绝和孤独对你的健康是非常有害的。孤独的人往往患有更多的疾病且寿命较短。这似乎有许多原因,有些是生理上的,有些则与健康行为的减少有关。

如果你很寂寞或感到孤立无援,寻求某种让你感觉良好的人际交往是非常有助益的。如果你患有社交焦虑症,心理咨询会帮助到你。一种选择是参加互助小组或

应对压力

俱乐部,这能够帮助你获得足够的社会支持,对你的情绪和健康都会产生积极的影响。另一种选择是给予他人社会支持,这也可以给你带来幸福感和成就感。这是你可以主动发起的事情,它或许会成为一段新的、支持性关系的开始。

显然,社会支持对于维持健康和管理压力是很重要的。让我们来看看如何建立能够帮助你应对压力而非造成压力的人际关系。

你有没有发现,某个好消息在你与所爱的人分享之前,显得不那么真实?那么,分享真的放大了你对这件幸事的喜悦和激动吗?数据显示,这种行为往往会增加你的积极情绪和幸福感,也有利于发展你和爱人的关系,比如使彼此更为亲密。

所以,如果你爱的人与你分享一些好消息,一定要传达出你真挚的幸福感。如果你并不为对方的好消息感到开心,这可能预示着你们的关系存在着真正的问题。

第8章
联结他人

同样地,如果你的好消息经常得到你的伴侣的中性的、不感兴趣的甚至完全消极的回应,那么你或许真的需要去探索这段关系中是否存在与亲密、竞争、嫉妒或其他可能的问题。长远来看,若在你遇到幸事时对方无动于衷,这和当事情出现问题时缺乏支持一样,会给你个人以及这段关系带来伤害。

问问自己想要什么

下面的练习可以帮助你澄清自己的社会支持偏好和需求。你需要准备一个笔记本进行这个练习。首先请回想最近一两周内发生的一些令你感到有压力的事。选择其中一件你后来告诉了别人的事。这件事不一定要充满戏剧性,只要带给你困扰即可。

应对压力

现在，请在笔记本上写下这件事。

写好后，花一分钟重读刚才写的内容，并回答以下问题：

1. 你写下的是一篇基于事实的客观描述吗？
2. 你有没有写下事情发生时自己的感受？
3. 你有没有写下对这件事的追责？有没有把责任归咎于自己或其他外在的人或事？
4. 你所写的故事中包含很多感觉上的细节描述吗？

现在，想想那位听你分享故事的人。用一两句话描述你和此人的关系。回想一下，你当时是怎么向这个人讲述这件事的？再回答上面四个同样的问题。最后，记下听你倾诉的人的反应。

分析你所写的内容，可以让你深入了解你寻求

第8章
联结他人

社会支持的方式,以及你的需求是否得到满足。前两个问题帮助你留意你是根据情绪还是根据事实来描述事件的。对于第三个问题,聚焦于怪罪或追责上可能会在事情的实际处理上引发非常强烈的需求。对于第四个问题,如果你的故事中有很多感官上的细节,那么这件事可能是一段创伤性的经历,你需要从情感上处理它,以便更好地组织和储存记忆,使其不那么令人不安。

接下来,看看你对别人讲故事的方式和你刚刚在纸上写故事的方式一样吗,如果不一样,你可能会为了与你理解中的倾诉对象应对压力的方式相匹配,而改变自己的表达方式。虽然这可能有助于你理解自己的观点,但或许无法帮你得到自己需要的那种社会支持。例如,你在感到沮丧的时候,如果

应对压力

用枯燥、写实的方式向别人讲述你的故事,你可能无法得到自己所寻求的情感上的认可和慰藉。

最后来看看你对倾诉对象的反应的分析。这将为你提供更多关于自己与倾诉对象的和谐程度的信息。如果你正在寻求情感上的支持,而对方要求你提供事实信息并给你建议,你可能会对这次聊天感到沮丧和失望。想想看,人们通常会根据曾对自己奏效的方法来给你提出他们认为有效的建议。

深度思考

根据本章的内容,回想一下:
1. 当你压力很大时,什么对你最有帮助(一个建议,一个拥抱,一次倾诉,一些私人空间,等等)?在你的生命中有谁能带给你这些帮助?

第8章
联结他人
———

② 你如何向某个特定的人提出你的需求?

③ 现在你可以尝试一下寻求帮助:选择三个小到中等的请求,计划一下你将向谁以及如何寻求帮助,然后尽力去完成。稍后,写下你寻求支持的过程是如何进行的,以及对于下次寻求帮助有什么需要加以练习的地方。

第 9 章

坚持身心训练

应对压力

就像你在引言中了解到的,急性应激反应让人具有很强的适应性和避险能力,但就你的身体愈合、成长、再生和自我滋养所需的资源而言,急性应激反应的消耗过于昂贵。动物在自然环境中能够自如地控制这些急性应激反应,但我们人类,却因自己拥有对问题产生焦虑感和进行思维反刍的能力,常常陷入持续不断的应激反应中。身心训练技术可以使我们从这种应激反应的泥沼中解脱出来。

大多数身心训练技术都有相同的目标:使你从一种被激活的、紧张的状态转换到一种平静的、放松的状态。这至少会在两个方面有所帮助:首先,这些技术让你在面对压力的时候能够有片刻的喘息;其次,规律的练习会减少接下来一天中神经系统的激活,从而抵消压力和困扰对健康的有害影响。

这里有四种你可以每天练习的身心训练技术。

放松反应:这项技术很容易学并且便于操作。要想

第9章
坚持身心训练

放松下来,首先把你的注意力集中在一个短语、一个声音或一个词句上。其次,你要保持专注,轻轻地放下任何冒出来的想法,把注意力转移到你关注的短语、声音或词句上。仅此而已。最好每天练习10~20分钟,有规律的练习是让放松反应形成习惯的关键所在。

呼吸练习:你可以通过自主神经系统(植物神经系统)进行无意识的呼吸,也可以有意识地调控呼吸。你可以决定如何呼吸,不过当你停止思考时,呼吸并不会停止。学习如何使你的呼吸更深、更柔缓、更有规律是很容易的,以这种方式呼吸会给你的全身带来明显的放松感,同时也会使你的心神安定平和。像放松反应一样,当你没有遇到什么特殊的压力时,可以每天进行几分钟的呼吸练习。当压力来临时使用这种深长且柔缓的呼吸方式可以明显减轻你的整体压力。

视觉想象:视觉想象就像你在自己的脑海里观赏一部电影。你的身体会反过来对意象内容做出反应。视觉

应对压力

想象可以是被动的，如一些过往事件的回响在你耳边萦绕；也可以是主动的，如你选择一个情景并想象它发生时的样子。想象可以产生强烈的生理变化，如影响免疫功能等。它也能够帮助你洞察压力情境和身体问题。网络上有很多视觉想象的应用程序和视频，可以尝试一些你觉得不错的，然后选择一两个添加到你日常或每周的练习中。

自生训练：自生训练是一种自我催眠的方法，它通过训练你的神经系统，使其在你需要的时候能够平静下来。这是一个许多人都非常享受的放松方法，可靠且效力强大。你可以先在一个安全、放松的环境中练习这项技术几个星期。一旦你适应它，你就可以开始在日常生活中使用它了。

先在家里进行自生训练，学习简单的指令，并将其与意象关联起来，使指令与大脑的交流方式更加融洽。几周后，你会发现自己能够轻易地通过这些指令放松下

第9章
坚持身心训练

来，然后你就可以在其他地方使用了。你可以从下面的练习开始，尝试每天在同一时间练习这个技巧。

自生训练

请坐在一个舒适的椅子上，在你学习此技术时最好不要睡着，因此不建议躺下进行练习。不过如果你有失眠的情况，后期可以通过这个技术帮助自己快速入眠。

首先请闭上眼睛，将注意力集中于你的身体及感觉上。从头到脚快速地察看你的身体，看看是否需要松开你的衣服或调整一下姿势，以使肌肉放松。在感到舒适之后，你就可以把注意力转移到呼吸上。你会感觉到空气进入你的肺部，使胸腔充

应对压力

盈,然后慢慢地呼出体外,通过呼气带走那些你不需要的东西。想象你的呼吸正变得柔缓且深长,但不要强求这种改变的发生。

如果有一些想法在脑海中浮现(它们确实会的),告诉自己你稍后会处理它们。对自己说"不是现在",然后让这些想法自行消退。

现在,对自己重复三次下面的句子。

我的手柔软而温暖……此刻我很平静。
我的腿沉重而温暖……此刻我很平静。
我的呼吸深沉而柔缓……此刻我很平静。
我的额头凉爽……此刻我很平静。
我的腹部柔软而温暖……此刻我很平静。
我的身体一直在疗愈自己……此刻我很平静。

第9章
坚持身心训练

当你在重复上面的句子的时候,在你的脑海中创造一个句中所指之事正在发生的意象。例如,对于"我的手柔软而温暖"这个句子,你可以想象自己的双手正托着一碗汤。在想象的时候,你可以使用多种感官——它看起来像什么?闻起来怎么样?一开始,你可能很难记住这些句子,因而不得不停下来看看本书,但很快你就能够记住它们了。要记得,在继续下一句之前,每一句都要对自己说三遍。

在你睁开眼睛并回到日常的意识状态之前,花一分钟的时间再次察看你的身体,并留意深度放松到底是怎样的感觉。你对这种感觉越熟悉,当你需要创造放松的感觉时就越容易找到它。

在你进行几个星期的每日练习之后,试着把自生训

应对压力

练带到生活中,在通常会带给你压力的情境中去使用这种技术。最简单的方法就是选择你最喜欢的句子,并把它变成口头禅。我个人喜欢"我很平静"这个句子。当遇到堵车或处于其他压力情境中时,我会打断自己躁动的思绪,将注意力集中在双手上,想象着它们正变得温暖,并对自己说"我很平静"。片刻,我的手温暖起来,而自己也感觉安定下来了。

> **深度思考**
>
> 尝试一下本章提到的四种身心训练技术,并写下你的体验。其中哪一种能够更好地降低你的整体压力?选择一项,在接下来至少一个月的时间里坚持每天练习,这样当你需要放松的时候,这项技术会自然浮现。

第10章

自我超越

应对压力

压力会一直围绕着你,然而即便在最糟糕的情况下,许多人似乎仍能洞悉这些压力,并保持幸福、活力且不断成长。他们是如何做到的?对许多人来说,生命的活力与当下所见之事无关,而是由一种敬畏、好奇、受到鼓舞的感受以及与某个超越现实的方面的联结所带来的。这些东西汇聚成精神力量,常以精神信仰的形式呈现。无论你的信仰如何,你都可以把这些益处融入你的生活。

超越(Transcendence)可能是让生命朝精神层面发展的关键。超越体验有很多种,但这些体验通常都包括自我意识的边界延展到肉身以外,要么延展到广阔的内在精神世界,要么超越个体,与无垠的外在世界连接。这种经历很少令人感到恐惧,通常会给人带来一种深刻的精神联结和幸福感。

近年来,人们对精神力量和信仰如何改善健康及长期幸福感的兴趣激增。研究表明,信仰和精神体验对生

第10章
自我超越

理和心理均有益处。为什么会这样呢?

🔑 身—心—灵

虔诚地进行精神修习,能够给身体各系统(如神经系统、内分泌系统、免疫系统)带来诸多益处。不过没有人确切地知道信仰的行为、精神力量和生理功能是如何联系在一起的。或许精神修习和放松体验类似,对身体有长效的影响;或许精神层面的修习有助于人们保持更好的情绪状态。众所周知,积极的情绪状态能够预防由情绪引发的生理变化,信仰与精神力量对心理也有同样的助益。

那么,哪些信仰和精神力量中的作用因素与这些积极影响相关呢?最有可能的是,这些修习增强了世界的条理性和意义感。基于意义的应对策略被认为是一种高度适应性的策略,能够给人带来更好的情绪和更健康的行为。或许把生活看作一个条理清晰的、有意义的事业

应对压力

会让人们有更强烈的目标感。因为他们的意图和信念会引导自己的行为,并为自己所做的选择提供合理的依据。

精神力量有许多定义,但似乎都包含某种超乎于日常经验的真实感。当生活的压力和问题被置于更宏大的视野中来看——永恒、终极真理、至善,对许多人来说,那些压力和问题看起来就小多了,而且在某种程度上也更易于掌控了。

这对你而言意味着什么?也许,你想要在自己的生活中培养一种精神联结和意义感。你可以选择的方式有很多,如阅读有关精神力量的书籍,加入一个社群,或者参加瑜伽课程等。具体要选择哪种方式取决于你,只要你觉得被某种方式吸引了,就能够找到某种途径来滋养自己的精神渴求。

提升你的精神力量

冥想是一种精神修习的形式,尽管它是世界上几乎

第10章
自我超越

所有教派的重要修习基础，但不必把冥想等同于任何特定的信仰体系。相较于冥想的类型，更重要的是你冥想时的感受。倘若这种感受能带来更宏大的联结感与意义感，就可能会产生有益的效果。

冥想是一种你随时随地都可以进行的修习，需要做的仅仅是安坐下来，让自己的心念慢下来。在冥想前，提前想好你要做什么样的冥想练习。我的许多来访者都是从感恩冥想开始的。我认为这是很适合初学者练习的一种冥想方式，它就像在吃饭之前短暂地低头致意那么简单。表达感恩之情能够很好地提醒你：你的生命是一个奇迹，无论发生什么，事情本可能会更糟糕。

是通过精神修习进行提升，还是通过信仰体系进行提升，这些都是我们在当下所需要做出的选择。运用何种方式对自己的生活加以控制，以便使生活尽可能地平和、丰富和幸福，完全取决于你自己。

应对压力

深度思考

请思考以下问题：

❶ 你过去做过什么来加强你精神上的幸福感？

❷ 你现在要做些什么？

❸ 你认为强烈的意义感如何能帮助你过上最好的生活？

压力管理笔记

在下面几页的空白处，写出你学到的最适合自己的压力管理技巧（包括本书对应的页码，便于提醒自己）。在那些能够帮你快速放松下来的项目旁边做个记号，在那些使你保持冷静的项目旁边画个星星，以便更规律地进行练习。